KLEINE TEXTE FÜR VORLESUNGEN UND ÜBUNGEN
HERAUSGEGEBEN VON HANS LIETZMANN

109

LUTHERS KLEINER KATECHISMUS

DER DEUTSCHE TEXT IN SEINER GESCHICHTLICHEN ENTWICKLUNG

VON

D. JOHANNES MEYER
O. PROFESSOR DER THEOLOGIE

BONN
A. MARCUS UND E. WEBER'S VERLAG
1912

VORBEMERKUNG

Aufgrund der umfangreichen neueren arbeiten von Buchwald, Knoke, Cohrs und Albrecht wird im folgenden der deutsche text des kleinen katechismus so geboten, dass die erreichbare älteste form (also für vorrede und haustafel die form der ersten buchausgabe, für das übrige die form der tafeldrucke) im zusammenhange in alter Fraktur gedruckt ist, während die späteren varianten unter angabe der betreffenden drucke in anmerkungen gesetzt sind. Jedoch sind zusätze der Wittenberger texte aus Luthers lebenszeit, soweit sie nicht bloss aus wortgruppen bestehen, in den text mitaufgenommen und zwar in Schwabacher Schrift; dabei sind ohne klammern die zusätze der ersten buchausgabe, in runden klammern die weiteren zusätze bis 1531, in eckigen klammern die zusätze von 1535—1543 gedruckt. Die später s. g. fünf hauptstücke sind auf der rechten seite gesondert nach dem wortlaut der Eisenacher konferenz 1884 abgedruckt, da dieser text normaltext für die gegenwart sein will.

Um den text nicht zu bunt zu machen, sind die bloss orthographischen varianten nicht berücksichtigt, wie denn eine diplomatisch genaue wiedergabe der texte nicht beabsichtigt war. Es sind ferner die buchstaben u und v, welche früher gegen heute vielfach umgekehrt gebraucht wurden, durchgängig in heutiger weise geschrieben. Der kritische apparat ist mit rücksicht auf den zweck des buches auf das notwendigste beschränkt.

Ich zitiere demnach folgende drucke und gebe ihnen nachstehende sigla:

1. Wittenberger drucke: den verschollenen tafeldruck vom jan. und märz 1529 (T), den ebenfalls verschollenen ersten buchdruck Luthers vom mai 1529 (B; Knoke: W_1; Albrecht: 𝔄), die defekt erhaltene neuauflage vom juni 1529 (W 29; Knoke: W_3, Albr.: 𝔅), die ferneren neuauflagen von 1531, 1535, 1536, 1537, 1539, 1540, 1542, 1543 (W 31, W 35, W 36, W 37, W 39, W 40, W 42, W 43; Albr.: ℭ, 𝔇, 𝔈, 𝔉, 𝔊, ℌ, ℑ, 𝔎).

2. Hülfstexte zur rekonstruktion verschollener oder defekter Wittenberger drucke: die Stifelsche abschrift der tafeln (St; so auch Albr.), das erhaltene bruchstück des niederdeutschen tafeldrucks (tab; so auch Albr.), den Bugenhagenschen Hamburger niederdeutschen buchdruck, dessen vorrede später nach B zugefügt, dessen kern nach T gearbeitet

ist (H), die nach B gefertigten nachdrucke von Erfurt (E_1 und E_2; Knoke umgekehrt: E_2, E_1; Albr.: α, β) und Marburg (M; Knoke: Mar; Albr.: γ), den Nürnberger nachdruck nach W 29 (N; Albr.: 𝔏).

3. Sonstige Texte: Nürnberger drucke von 1531 (nur text ohne Luthers erklärung) und 1558, welche eine besondere süddeutsche textform darbieten und zu deren verbreitung beigetragen haben (N 31 und N 58), sowie den Dresdner erstdruck der Concordia von 1580 (C).

Im übrigen ist die von Albrecht besorgte krit. ausgabe des kleinen katechismus in der Weimarer ausgabe von Luthers werken XXX, 1 (1910) sowie auch Knoke, D. Martin Luthers kleiner Katechismus nach den ältesten Ausgaben (1904) zu vergleichen; dort die abdrucke der wichtigsten texte (bei Albrecht: tab St H E_1 W 29 — mit den lücken aus N—W 31; bei Knoke: H M und andere hier nicht berücksichtigte texte).

Nur in der buchausgabe

Enchiridion.[1]

Der kleine Catechismus

fur die gemeine Pfarherr und Prediger.

[2]Mart. Luther. Wittemberg[3]

Martinus Luther allen trewen frumen[4] Pfarherrn und Predigern.

Gnad, barmhertzigkeit und frid ynn Jhesu Christo unserm herrn.

Diesen Catechismon oder Christliche lere ynn solche kleine schlechte einfeltige form zustellen, hat mich gezwungen und gedrungen die kleglich elende not, so ich newlich erfaren habe, da ich auch ein Visitator war. Hilff lieber Gott, wie manchen iamer hab ich gesehen, das der gemeine man doch so gar nichts weis von der Christlichen lere, sonderlich auff den dörffern, und leider viel Pfarherr fast ungeschickt und untüchtig sind zu leren, Und sollen doch alle Christen heissen, getaufft sein und der heiligen Sacrament geniessen, können widder Vater unser noch den Glauben odder Zehen gebot, leben dahin wie das liebe vihe und unvernünfftige sewe, Und nu das Evangelion komen ist, dennoch fein gelernt haben aller freyheit meisterlich zu missebrauchen. O yhr Bischoffe, was wollt yhr doch Christo ymer mehr antworten, das yhr das volck so schendlich habt lassen gehen[5] und ewer ampt nicht ein augenblick yhe beweiset. Das euch alles unglück

---

1) zuerst sicher W 29; aber auch H und darum vielleicht B (nicht E_1 E_2 M) 2) W 29 add: gemehret und gebessert durch 3) M: Marpurg; sonst: Wittemberg. Dahinter folgt Impressum, wechselnd nach den ausgaben. Bei C heißt es: Der kleine Katechismus D. Martini Lutheri für die gemeine Pfarrherrn und Prediger. Vorrede D. Martini Lutheri 4) W 40—43 om: frumen 5) W 35—43: hingehen

Nur in der buchausgabe

fliehe, Verbietet einerley[6] geſtalt und treibt auff ewr menſchen geſetze, fragt aber die weil nichts darnach, ob ſie das Vater unſer, Glauben, Zehen gebot odder einiges Gots wort künden, Ach und wehe über[7] ewern hals ewiglich.

Darümb bitte ich umb Gottes willen euch alle meine liebe herrn und brůder, ſo Pfarherr odder Prediger ſind, wollet euch ewers ampts von hertzen annemen, euch erbarmen uber ewr volck, das euch befolhen iſt, und uns helffen den Catechismum ynn die leute, ſonderlich ynn das junge volck bringen, Und welche es nicht beſſer vermůgen, dieſe tafeln und forme für ſich nemen und dem volck von wort zu wort für bilden, Und nemlich Alſo.

Auffs erſt, das der Prediger für allen dingen ſich hůte[8] und meyde mancherley odder[9] anderley text und form der Zehen gebot, Vater unſer, Glauben, der Sacrament etc. Sondern neme einerley form für ſich, darauff er bleibe, und die ſelbige ymer treibe ein iar wie das ander. Denn das junge und alber volck mus[10] mit einerley gewiſſen text und formen leren, Sonſt werden ſie gar leicht yrre, wenn man heut ſonſt und über iar[11] ſo leret, als wolt mans beſſern, Und wird damit alle můhe und arbeit verloren.

Das haben die lieben Veter auch wol geſehen, die das Vater unſer, Glauben, Zehen gebot, alle auff eine weiſe haben gebraucht[12]. Darumb ſollen wir auch bey dem[13] jungen und einfeltigen volck ſolche ſtück alſo leren, das wir nicht eine ſylben verrucken odder ein iar anders denn das ander für halten odder für ſprechen. Darumb erwele dir welche forme du wilt, und bleib dabey[14] ewiglich. Wenn du aber bey den gelerten und verſtendigen predigſt, da magſtu deine kunſt beweiſen und dieſe ſtücke ſo bund kraus machen und ſo meiſterlich drehen als du kanſt. Aber bey dem iungen volck bleib auff einer gewiſſen ewigen forme und weiſe, Und lere ſie für das erſt dieſe ſtück, nemlich die Zehen gebot, Glauben, Vater unſer etc.[15] nach dem text hin[16] von wort zu wort, das ſie es auch ſo nach ſagen können und auswendig lernen.

Welche es aber nicht lernen wollen, das man denſelbigen ſage, wie ſie Chriſtum verleugnen und keine Chriſten ſind, Sollen auch nicht zum Sacrament gelaſſen werden, kein kind aus der Tauffe heben, Auch kein ſtück der Chriſtlichen freyheit brauchen, ſondern ſchlechts dem Bapſt und ſeinen Officialen, dazu dem[17] teuffel ſelbs heym geweiſet ſein. Dazu ſollen

---

6) N: zweierley; aber 'verbieten' wohl = 'darbieten' 7) om M 8) M: behůte 9) M: und 10) M W 40—43: mus man; aber 'leren' wohl = 'lernen' 11) H N W 35—43 C: ein iar 12) W 40—43: gebraucht haben 13) E_1 E_2 (also wohl auch B) W 31 W 40: den, druckfehler? 14) W 40—43: ſo bey 15) W 40—43 om: etc. 16) W 40—43 om 17) W 31 om

Nur in der buchausgabe

yhn die Eltern und Hausherrn essen noch trincken versagen Und yhn anzeygen, das solche rohe leute der Furst aus dem lande iagen wolle etc.

Denn wiewol man niemand zwingen kan noch sol zum glauben, So sol man doch den hauffen dahyn halten und treiben, das sie wissen was recht und unrecht ist bey denen, bey welchen sie wonen, sich neeren und leben wollen. Denn wer ynn einer stad wonen wil, der sol das Stadrecht wissen und halten, des er geniessen wil, Gott gebe er gleube odder sey ym hertzen fur sich ein schalck odder bube.

Zum andern, Wenn sie den text nu[18] wol können, So lere sie denn hernach auch den verstand, das sie wissen was es gesagt[19], Und nym abermal fur dich dieser tafeln weise odder sonst eine kurtze einige weise, welche du wilt, und bleib dabey und verrücke sie mit keiner syllaben nicht, gleich wie vom text itzt gesagt ist. Und nim dir der weile dazu, denn es ist nicht not, das du alle stück auff ein mal fur nemest, Sondern eins nach dem andern, Wenn sie das erste gebot zuvor verstehen, darnach nym das ander fur dich Und so fort an, Sonst werden sie uberschüttet, das sie keins wol behalten.

Zum dritten, Wenn du sie nu solchen kurtzen Catechismum geleret hast, Als denn nym den grossen Catechismum fur dich, und gib yhn auch reichen[20] und weitern verstand. Daselbst streich ein iglich gebot, bitte, stück aus mit seinen mancherley wercken, nutz, frumen, fahr und schaden, wie du das alles reichlich findest ynn so viel büchern[21] davon gemacht. Und ynn sonderheit treibe das gebot und stücke am meisten, das bei deinem volck am meisten not leidet. Als das siebend gebot vom stelen mustu bey handwercken[22], hendlern, Ja auch bey baurn und gesynde hefftig treiben, Denn bey solchen leuten ist allerley untrew und dieberey gros. Item das vierde gebot mustu bey den kindern und gemeinem man[23], das sie stille, trew, gehorsam, fridsam sein, und ymer viel exempel aus der schrifft, da Gott solche leute gestrafft und gesegnet hat, einfuren.

Ynn sonderheit treibe auch daselbest die Oberkeit und Eltern, das sie wol regirn und kinder zihen zur Schule, Mit anzeigen, wie sie solchs zu thun schüldig sind, Und[24] wo sie es nicht thun, welche ein verflucht sunde sie thun, Denn sie störtzen und verwüsten damit beide Gotts und der welt reich als die ergesten feinde beide Gottes und der menschen, Und streiche wol aus, was fur grewlich schaden sie thun, wo sie nicht helffen kinder zihen zu Pfarher, Prediger, Schreiber etc. Das Gott sie schrecklich drumb straffen wird[25]. Denn es ist hie not zu predigen, die Eltern und Oberkeit sundigen itzt hierynn, das nicht zu sagen ist, Der teuffel hat auch ein grawsames damit ym synne.

---

18) W 35—43 om: nu 19) seit W 36: gesagt sey 20) W C: reichern 21) W 31—39 C: büchlein 22) W 42. 43: handwerckern 23) W 42. 43 C add: wol treiben 24) W 40—43 om Und 25) W 40—43: werd

Nur in der buchausgabe

Zu letzt, Weil nu die tyranney des Bapsts ab ist, so wollen sie nicht mehr zum Sacrament gehen und verachtens. Hier ist aber not zu treiben, doch mit diesem bescheid, Wir sollen niemand zum glauben odder zum Sacrament zwingen, Auch kein gesetz noch zeit noch stett stymmen, Aber also predigen, das sie sich selbs on unser gesetz dringen und gleich uns Pfarhern zwingen, das Sacrament zureichen, Welches thut man also, das man yhn sagt, Wer das Sacrament nicht sucht noch begerd zum wenigsten ein mal odder vier des iars, da ist zu besorgen, das er das Sacrament verachte und kein Christen sey, gleich wie der kein Christ ist, der das Evangelion nicht gleubt oder höret. Denn Christus sprach[26] nicht Solchs lasset odder solchs verachtet, Sondern Solchs thut, so offt yhr[27] trinckt etc. Er wils warlich gethan und nicht aller ding gelassen und veracht haben, Solchs THUT, spricht er.

Wer aber das Sacrament nicht gros acht, das ist ein Zeichen, das er keine sunde, kein fleisch, keinen teuffel, keine welt, keinen tod, keine fahr, keine helle hat, das ist, er glaubt der keines, ob er wol bis uber die ohren drynn steckt, und ist zweyfeltig des teuffels. Widderümb so darff er auch keiner gnade, leben, paradis, hymelreich, Christus, Gottes noch einiges gutes. Denn wo er gleubete, das er so viel böses hette und so viel gutes bedürffte, so würde er das Sacrament nicht so lassen, darynn solchem ubel geholffen und so viel guts gegeben wird. Man dürfft[28] yhn auch mit keinem gesetz zum Sacrament zwingen, sondern er wird[29] selbest gelauffen und geronnen komen, sich selbs zwingen und dich treiben, das du yhm müstest[30] das Sacrament geben.

Darümb darffestu hie kein gesetz stellen wie der Bapst, Streiche nur wol aus[31] den nutz und schaden, not und frumen, fahr und heil ynn diesem Sacrament, so werden sie selbs wol[32] komen on dein zwingen. Komen sie aber nicht, so las sie faren, Und sage yhn, das sie des teuffels sind, die yhre grosse not und Gottes gnedige hülffe nicht achten noch fulen. Wenn du aber solchs nicht treibest oder machst ein gesetz und gifft draus, so ists deine schuld, das sie das Sacrament verachten. Wie solten sie nicht faul sein, wenn du schleffest und schweigest. Darumb sihe darauff, Pfarher und Prediger, Unser ampt ist nu ein ander ding worden, denn es unter dem Bapst war, Es ist nu ernst und heilsam worden, darumb hats nu viel[33] mühe und erbeit, fahr und anfechtung, dazu wenig lohn und danck in der welt. Christus aber wil unser lohn selbs[34] sein, so wir trewlich arbeiten. Das helff uns[35] der Vater aller gnaden, dem sey lob und danck ynn ewigkeit durch Christum[36] unsern Herrn, Amen.

---

26) W 42. 43: spricht 27) W 40—43 C: jrs 28) W 35—39 C: darff 29) W 29—31: würd 30) W 35. 42. 43 C: müssest 31) B (nach E_1 E_2 M) om: aus 32) W 40—43 om: wol 33) W 40—43 C: viel mehr 34) M om: selbs 35) B (nach E_1 E_2 M) om: uns 36) M: Jesum Christum.

Ein kleiner Catechiſmus odder Chriſtliche zucht[1]

Die Zehen gebot, wie ſie ein hausvater ſeinem geſynde einfeltiglich fürhalten ſol.[2]

Das erſte (gebot)[3]

[4]Du ſolt nicht ander Götter haben.[5]

Was iſt das? Antwort.

Wir ſollen Gott über alle dinge fürchten lieben und vertrawen.

Das ander (gebot)

Du ſolt den namen[6] deines Gottes nicht unnutzlich füren.[7]

Was iſt das? Antwort.

Wir ſollen Gott fürchten und lieben, das wir bei ſeinem namen nicht fluchen, ſchweren, zaubern, liegen odder triegen, ſondern den ſelbigen ynn allen nöten anruffen, beten, loben[8] und dancken.

Das dritte (gebot).

Du ſolt den Feyertag heiligen.[9]

Was iſt das? Antwort.

Wir ſollen Gott fürchten und lieben, das wir die predigt und ſein wort nicht verachten, ſondern das ſelbige heilig halten, gern hören und lernen.

Das vierde (gebot).

Du ſolt deinen vater und deine[10] mutter ehren [, **auff daß dirs wol gehe und lange lebeſt auff Erden**][11].

Was iſt das? Antwort.

Wir ſollen Gott fürchten und lieben, das wir unſern[12] Elltern und herrn nicht verachten noch erzürnen, ſondern ſie ynn ehren halten, yhn dienen, gehorcheu, lieb und werd haben.

---

1) dieser titel nur in B (nach E_1 E_2 M). St (im register): Underweyſunge was ain hausvater ſein hausgeſind leren ſol jn 5 taffeln gefaſſet. H: Eyn Catechiſmus effte underricht, wo eyn Chriſten hußwerth ſyn gheſynde ſchal upt eyntfoldigheſte leren, up frage und antwort geſtellt 2) so T (nach St; — H: Wo eyn hußwerth ſynem gheſynde ſchal eyntvoldyghen vorholden de Teyn gebade) W 29—43 C. B om (nach E_1 E_2 M) 3) T (nach St) B (nach E_1 E_2) W 40—43 om gebot; add H M (beide nur beim 1. gebot) W 29—39 C (bei allen geboten) 4) N 31. 58 add: Ich bin der Herr, dein Gott 5) N 31. 58: neben mir haben. Cat. maj.: haben neben mir 6) N 31. 58 add: des HErrn 7) W 36—39

(Eisenacher text 1884)

Der kleine Katechismus Dr. Martin Luthers
(Die fünf Hauptstücke.)

Das erste Hauptstück. Die zehn Gebote.

Das erste Gebot.

Ich bin der Herr dein Gott. Du sollst nicht andere Götter haben neben mir.

Was ist das?

Wir sollen Gott über alle Dinge fürchten, lieben und vertrauen.

Das zweite Gebot.

Du sollst den Namen des Herrn, deines Gottes, nicht unnützlich führen; denn der Herr wird den nicht ungestraft lassen, der seinen Namen mißbraucht.

Was ist das?

Wir sollen Gott fürchten und lieben, daß wir bei seinem Namen nicht fluchen, schwören, zaubern, lügen oder trügen, sondern denselben in allen Nöten anrufen, beten, loben und danken.

Das dritte Gebot.

Du sollst den Feiertag heiligen.

Was ist das?

Wir sollen Gott fürchten und lieben, daß wir die Predigt und sein Wort nicht verachten, sondern dasselbe heilig halten, gerne hören und lernen.

Das vierte Gebot.

Du sollst deinen Vater und deine Mutter ehren, auf daß dir's wohlgehe und du lange lebest auf Erden.

Was ist das?

Wir sollen Gott fürchten und lieben, daß wir unsere Eltern und Herren nicht verachten noch erzürnen, sondern sie in Ehren halten, ihnen dienen, gehorchen, sie lieb und wert haben.

C: mißbrauchen. N 31. 58: vergeblich füren. N 31. 58 add: denn der Herr wird den nicht unschuldig halten, der seinen Namen vergeblich füret. C desgl., jedoch: ungestrafft lassen, der seinen Namen mißbrauchet 8) om M 9) 31. 58: Gedenck des Sabbaths, das du yhn heiligest 10) om W 40—43 11) add W 40—43 (nicht C). N 31. 58: auff das du lang lebest jm land, das dir der Herr dein Gott geben wird 12) so T (nach St) B (nach E_1 E_2 M) W 29. Seit W 31: unser(e)

Das funffte (gebot).

Du solt nicht tödten.

Was ist das? Antwort.

Wir sollen Gott fürchten und lieben, das wir unserm nehisten an seinem leib keinen schaden noch leyd thun, sondern yhm helffen und[13] fördern ynn allen leibs nöten.

Das sechste (gebot).

Du solt nicht ehebrechen.

Was ist das? Antwort.

Wir sollen Gott fürchten und lieben, das wir keusch und züchtig leben ynn worten und wercken, und ein yeklicher sein gemahl lieben und ehren.

Das siebend (gebot).

Du solt nicht stelen.

Was ist das? Antwort.

Wir sollen Gott fürchten und lieben, das wir unsers nehisten gelt odder gut nicht nemen noch mit falscher wahr odder handel an uns bringen, sondern yhm sein gut und narung helffen beßern und behüten.

Das achte (gebot).

Du solt nicht falsch[14] zeugnis[15] reden widder deinen nehisten.

Was ist das! Antwort.

Wir sollen Gott fürchten und lieben, das wir unsern nehisten nicht felschlich belügen, verraten, affterreden odder bösen leumund machen, sondern sollen yhn entschuldigen und guts von yhm reden und alles zum besten keren.

Das neunde (gebot).

Du solt nicht begeren[16] deines nehisten haus.

Was ist das? Antwort.

Wir sollen Gott fürchten und lieben, das wir unserm nehisten nicht mit list nach seinem erbe odder hause stehen und mit eym schein des rechtes[17] an uns bringen etc. sondern yhm das selbige zu behalten förderlich und dienstlich sein.

---

13) St add: jn. 14) H falsche (pl.) 15) C Gezeugnis. N. 31. 58 kein falsch zeugnis geben 16) N 31. 58 dich nicht lassen gelüsten 17) C rechten (so auch Cat. maj.); St rechtens

Das fünfte Gebot.

Du sollst nicht töten.

Was ist das?

Wir sollen Gott fürchten und lieben, daß wir unserm Nächsten an seinem Leibe keinen Schaden noch Leid thun, sondern ihm helfen und fördern in allen Leibesnöten.

Das sechste Gebot.

Du sollst nicht ehebrechen.

Was ist das?

Wir sollen Gott fürchten und lieben, daß wir keusch und züchtig leben in Worten und Werken und ein jeglicher sein Gemahl lieben und ehren.

Das siebente Gebot.

Du sollst nicht stehlen.

Was ist das?

Wir sollen Gott fürchten und lieben, daß wir unsers Nächsten Geld oder Gut nicht nehmen, noch mit falscher Ware oder Handel an uns bringen, sondern ihm sein Gut und Nahrung helfen bessern und behüten.

Das achte Gebot.

Du sollst nicht falsch Zeugnis reden wider deinen Nächsten.

Was ist das?

Wir sollen Gott fürchten und lieben, daß wir unsern Nächsten nicht fälschlich belügen, verraten, afterreden oder bösen Leumund machen, sondern sollen ihn entschuldigen, Gutes von ihm reden und alles zum besten kehren.

Das neunte Gebot.

Du sollst nicht begehren deines Nächsten Haus.

Was ist das?

Wir sollen Gott fürchten und lieben, daß wir unserm Nächsten nicht mit List nach seinem Erbe oder Hause stehen und mit einem Schein des Rechts an uns bringen, sondern ihm dasselbe zu behalten förderlich und dienstlich sein.

Das zehende (gebot).

Du ſolt nicht begeren deines nehiſten weib, knecht, magd, vihe odder was ſein iſt.[18]

Was iſt das? Antwort.

Wir ſollen Gott fürchten und lieben, das wir unſerm nehiſten nicht ſein weib, geſind odder vihe abſpannen, abdringen odder abwendig machen, ſondern die ſelbigen anhalten, das ſie bleiben und thun, was ſie ſchüldig ſind.

[19]Was ſaget nu Gott von dieſen geboten allen? Antwort. Er ſagt alſo:[20]

Ich der HERR dein Gott, byn ein eyveriger Gott, der uber die, ſo mich haſſen, die ſunde der veter heymſucht an den kindern bis ynns dritte und vierde gelied, Aber denen ſo mich lieben und mein gebot halten, thue[21] ich wol ynn tauſend gelied.

Was iſt das? Antwort.

Gott drewet zu ſtraffen alle die dieſe gebot ubertretten, darumb ſollen wir uns fürchten für ſeinem zorn und nicht widder ſolche gebot thun. Er verheiſſet aber gnade und alles guts allen die ſolche gebot halten, darumb ſollen wir yhn auch lieben und vertrawen und gerne thun nach ſeinen geboten.

Der Glaube, wie ein hausvater den ſelbigen[1] ſeinem geſynde aufs einfeltigeſt fürhalten ſol.

Der erſt artikel von der Schöpffung.

Ich glaube an Gott den vater almechtigen[2] Schöpffer hymels und der erden.

Was iſt das? Antwort.

Ich gleube, das mich Gott geſchaffen hat ſampt allen creaturn, mir leib und ſeel, augen, orn und alle gelieder, vernunfft und alle ſynne gegeben hat[3] und noch erhelt[4], dazu kleider und ſchuch, eſſen und trincken, haus und hoffe, weib und kind, acker, vihe und alle güter, mit aller notturfft und narung dis[5] leibs und lebens reichlich und teglich verſorget, widder alle ferligkeit beſchirmet und für allem ubel behüt und bewaret, und das alles aus lauter Veterlicher, Göttlicher güte und[6] barmhertzigkeit on alle mein verdienſt und wirdigkeit, des[7] alles ich yhm zu dancken und zu loben und dafür zu dienen und gehorſam zu ſein ſchüldig bin, Das iſt gewiſlich war.

18) N 31. 58 Du ſolt dich nicht laſſen gelüſten deines nehiſten weibs, noch ſeines knechts, noch ſeiner magd, noch ſeines ochſen, noch ſeines eſels, noch alles was dein nehiſter hat. 19) der beſchluss fehlt N 31 20) om St N (also wohl auch T; doch hat H die worte) 21) C: den thue
1) St. om. ſelbigen 2) T (nach St H) B (nach E_1 E_2 M) W 29 (nach N) W 31 ohne komma. W 35—39 mit komma vor und hinter almechtigen. W 40—43 mit komma nur vor almechtigen. C mit komma

Das zehnte Gebot.

Du sollst nicht begehren deines Nächsten Weib, Knecht, Magd, Vieh oder alles, was sein ist.

Was ist das?

Wir sollen Gott fürchten und lieben, daß wir unserm Nächsten nicht sein Weib, Gesinde oder Vieh abspannen, abdringen oder abwendig machen, sondern dieselben anhalten, daß sie bleiben und thun, was sie schuldig sind.

Was sagt nun Gott von diesen Geboten allen?

Er sagt also: Ich, der Herr dein Gott, bin ein eifriger Gott, der über die, so mich hassen, die Sünde der Väter heimsucht an den Kindern bis ins dritte und vierte Glied; aber denen, so mich lieben und meine Gebote halten, thue ich wohl in tausend Glied.

Was ist das?

Gott dräuet zu strafen alle, die diese Gebote übertreten. Darum sollen wir uns fürchten vor seinem zorn und nicht wider solche Gebote thun. Er verheißet aber Gnade und alles Gute allen, die solche Gebote halten. Darum sollen wir ihn auch lieben und vertrauen und gerne thun nach seinen Geboten.

Das zweite Hauptstück. Der Glaube.

Der erste Artikel. Von der Schöpfung.

Ich glaube an Gott den Vater, den Allmächtigen, Schöpfer Himmels und der Erde.

Was ist das?

Ich glaube, daß mich Gott geschaffen hat samt allen Kreaturen, mir Leib und Seele, Augen, Ohren und alle Glieder, Vernunft und alle Sinne gegeben hat und noch erhält; dazu Kleider und Schuh, Essen und Trinken, Haus und Hof, Weib und Kind, Acker, Vieh und alle Güter; mit aller Notdurft und Nahrung dieses Leibes und Lebens reichlich und täglich versorget, wider alle Fährlichkeit beschirmet und vor allem Übel behütet und bewahret; und das alles aus lauter väterlicher, göttlicher Güte und Barmherzigkeit ohne all mein Verdienst und Würdigkeit; des alles ich ihm zu danken und zu loben und dafür zu dienen und gehorsam zu sein schuldig bin. Das ist gewißlich war.

---

nur nach almechtigen. N 31. 58: jnn gott, vater almechtigen 3) St E_1 E_2 ohne komma hinter hat, die andern drucke mit komma (auch H M) 4) W 40—43: erhelt. Dazu 5) St E_2: des, H: dysses, C: dieses 6) W 31—43 om 7) W 35: das

Der ander artikel von der Erlösung.

Und an[8] Jhesum Christum seinen eynigen Sohn, unsern HERRN, der empfangen ist vom[9] heiligen geist, geboren von der Jungfrawen Maria[10], gelitten[11] unter Pontio Pilato, gecreutziget, gestorben und begraben, Niddergefaren zur Hellen, am dritten tag[12] aufferstanden von den todten, Aufgefaren gen hymel, Sitzend[13] zur rechten Gottes des almechtigen vaters, Von dannen er komen wird[14] zu richten die lebendigen und die todten.

Was ist das? Antwort.

Ich glaube, das Jhesus Christus, warhafftiger Gott vom Vater ynn ewigkeit geborn und auch warhafftiger mensch von der iungfrawen Maria geborn, sey mein HERR, der mich verlornen und verdampten menschen erlöset hat, erworben, gewonnen, und[15] von allen sunden, vom tode und von der gewalt des teuffels, nicht mit golt oder sylber, Sondern mit seinem heiligen thewren blut und mit seinem unschuldigen leiden und sterben, auff das ich sein eigen sey und ynn seinem reich unter yhme lebe und yhme diene ynn ewiger gerechtigkeit, unschuld und seligkeit, gleich wie er ist aufferstanden vom tode, lebet und regirt ynn ewigkeit, Das ist gewislich war.

Der dritte artikel von der Heiligung.

Ich gleube an den Heiligen geist, ein heilige Christliche kirche, die gemeyne[16] der heiligen, vergebung der sunden, aufferstehung des fleisches und ein ewiges leben, Amen.

Was ist das? Antwort.

Ich gleube, das ich nicht aus eigener vernunfft noch krafft an Jhesum Christ[17] meinen Herren glauben odder zu yhm komen kan, Sondern der heilige geist hat mich durchs Evangelion beruffen, mit seinen gaben erleuchtet, ym rechten glauben geheiliget und erhalten, gleich wie er die gantze Christenheit auff erden berufft, samlet, erleucht, heiliget und bey Jhesu Christo erhelt, ym rechten einigen glauben, Ynn welcher Christenheit Er mir und allen gleubigen teglich alle sünde reichlich vergibt, Und am iüngsten tage mich und alle todten aufferwecken wird, Und mir sampt allen gleubigen ynn Christo[18], ein ewiges leben geben wird, Das ist gewislich war.

---

8) N 31. 58: jnn 9) W 36—39: von dem 10) N 31. 58 C: aus Maria der Jungfrawen (mit Cat. maj.) 11) N 31. 58: gelitten hat; begraben ist 12) N 31. 58 C add: wider (mit Cat. maj.) 13) N 31. 58: sitzt 14) N 31. 58: zukünftig ist 15) so alle Luthertexte und C; N 58: und gewonnen von 16) N. 31. 58: Gemeinschaft 17) C: Christum 18) W 40—43 ohne komma

Der zweite Artikel. Von der Erlösung.

Und an Jesum Christum, seinen eingebornen Sohn, unsern Herrn, der empfangen ist vom heiligen Geist, geboren von der Jungfrau Maria, gelitten unter Pontio Pilato, gekreuziget, gestorben und begraben, niedergefahren zur Hölle, am dritten Tage wiederauferstanden von den Toten, aufgefahren gen Himmel, sitzend zur Rechten Gottes, des allmächtigen Vaters, von dannen er kommen wird zu richten die Lebendigen und die Toten.

Was ist das?

Ich glaube, daß Jesus Christus, wahrhaftiger Gott vom Vater in Ewigkeit geboren und auch wahrhaftiger Mensch von der Jungfrau Maria geboren, sei mein Herr, der mich verlorenen und verdammten Menschen erlöset hat, erworben, gewonnen von allen Sünden, vom Tode und von der Gewalt des Teufels; nicht mit Gold oder Silber, sondern mit seinem heiligen, teuren Blut und mit seinem unschuldigen Leiden und Sterben; auf daß ich sein eigen sei und in seinem Reich unter ihm lebe und ihm diene in ewiger Gerechtigkeit, Unschuld und Seligkeit; gleichwie er ist auferstanden vom Tode, lebet und regieret in Ewigkeit. Das ist gewißlich wahr.

Der dritte Artikel. Von der Heiligung.

Ich glaube an den heiligen Geist, eine heilige christliche Kirche die Gemeine der Heiligen, Vergebung der Sünden, Auferstehung des, Fleisches und ein ewiges Leben. Amen.

Was ist das?

Ich glaube, daß ich nicht aus eigener Vernunft noch Kraft an Jesum Christum, meinen Herrn, glauben oder zu ihm kommen kann; sondern der heilige Geist hat mich durch das Evangelium berufen, mit seinen Gaben erleuchtet, im rechten Glauben geheiliget und erhalten; gleichwie er die ganze Christenheit auf Erden beruft, sammelt, erleuchtet, heiliget und bei Jesu Christo erhält im rechten einigen Glauben; in welcher Christenheit er mir und allen Gläubigen täglich alle Sünden reichlich vergiebt und am jüngsten Tage mich und alle Toten auferwecken wird und mir samt allen Gläubigen in Christo ein ewiges Leben geben wird. Das ist gewißlich wahr.

Das Vater unser, wie ein Hausvater das selbige seinem gesynde auffs einfeltigest furhalten sol.[1]

(Vater[2] unser der du bist jm himel.)

(Was ist das? Antwort.)

(Gott wil da mit uns[3] locken, das wir gleuben sollen, Er sey unser rechter Vater und wir seine rechte kinder, auff das wir getrost und mit aller zuversicht jn bitten sollen, wie die lieben kinder jren lieben Vater.)

Die erste bitte.

Geheiliget werde dein name.

Was ist das? Antwort.

Gottes Name ist zwar an yhm selbs heilig, Aber wir bitten ynn diesem gebet, das er bey uns auch heilig werde.

Wie geschicht das? Antwort.

Wo das wort Gottes lauter und rein geleret wird und wir auch heilig als die kinder Gottes darnach leben, Des hilff uns lieber Vater ym hymel. Wer aber anders leret und lebet, denn das wort Gottes leret, der entheiliget unter uns den namen Gottes, da behüt uns für hymlischer Vater.

Die ander bitte.

Dein reich kome.[4]

Was ist das? Antwort.

Gottes reich kompt wol on unser gebet von yhm selbs, Aber wir bitten ynn diesem gebet, das[5] auch zu uns kome.

Wie geschicht das? Antwort.

Wenn der hymlische Vater uns seinen heiligen geist gibet, das wir seinem heiligen wort durch seine gnade gleuben und Göttlich leben, hie zeitlich und dort ewiglich.

Die dritte bitte.

Dein wille geschehe wie[6] ym hymel also auch auff erden.

Was ist das? Antwort.

Gottes guter[7] gnediger wille geschicht wol on unser gebet, Aber wir bitten ynn diesem gebet, das er auch bey uns geschehe.

---

1) W 35 om: wie ein — sol 2) das eingeklammerte (die anrede mit erklärung) seit W 31 3) W 40—43: uns damit 4) N 31. 58: Zukomme dein reich 5) St C add: es 6) N 31. 58: als im himel auch 7) B (nach E_1 E_2 M) add: und

Das dritte Hauptstück. Das Vaterunser.

Vater unser, der du bist im Himmel.

Was ist das?

Gott will uns damit locken, daß wir glauben sollen, er sei unser rechter Vater und wir seine rechten Kinder, auf daß wir getrost und mit aller Zuversicht ihn bitten sollen wie die lieben Kinder ihren lieben Vater.

Die erste Bitte

Geheiliget werde dein Name.

Was ist das?

Gottes Name ist zwar an ihm selbst heilig; aber wir bitten in diesem Gebet, daß er auch bei uns heilig werde.

Wie geschieht das?

Wo das Wort Gottes lauter und rein gelehret wird, und wir auch heilig als die Kinder Gottes darnach leben; das hilf uns, lieber Vater im Himmel. Wer aber anders lehret und lebet, denn das Wort Gottes lehret, der entheiliget unter uns den Namen Gottes; davor behüte uns, himmlischer Vater.

Die zweite Bitte

Dein Reich komme.

Was ist das?

Gottes Reich kommt wohl ohne unser Gebet von ihm selbst; aber wir bitten in diesem Gebet, daß es auch zu uns komme.

Wie geschieht das?

Wenn der himmlische Vater uns seinen heiligen Geist giebt, daß wir seinem heiligen Wort durch seine Gnade glauben und göttlich leben, hier zeitlich und dort ewiglich.

Die dritte Bitte

Dein Wille geschehe, wie im Himmel, also auch auf Erden.

Was ist das?

Gottes guter, gnädiger Wille geschieht wohl ohne unser Gebet; aber wir bitten in diesem Gebet, daß er auch bei uns geschehe.

Wie geſchicht das? Antwort.

Wenn Gott allen böſen rath und willen bricht und hindert, ſo uns den namen Gottes nicht heiligen und ſein Reich nicht komen laſſen wöllen[6], als da iſt der teuffel[7], der[8] welt und unſers fleiſchs wille, ſondern ſterckt und behelt uns feſte ynn ſeinem wort und glauben bis an unſer ende, das iſt ſein gnediger guter wille.

Die vierde bitte

Unſer teglich brod gib uns heute.

Was iſt das? Antwort.

Gott gibt teglich brod auch wol on unſer bitte allen böſen menſchen, Aber wir bitten ynn dieſem gebet, das er uns erkennen laſſe[9], und mit danckſagung empfahen[10], Unſer teglich brod.

Was heiſſt[11] denn teglich brod? Antwort.

Alles was zur leibs narung und notturft gehört, als eſſen, trincken, kleider, ſchuch, haus, hoff, acker, vihe, gelt, gut, frum gemahl, frume kinder, frum geſynde, frume und trewe öber herren, gut regiment, gut wetter, friede, geſundheit, zucht, ehre, gute freunde, getrewe nachbarn und des[12] gleichen.

Die funffte bitte

Und verlaſſe uns unſer ſchuld[13], als wir verlaſſen unſern ſchuldigern.

Was iſt das? Antwort.

Wir bitten ynn dieſem gebet, das der Vater ym hymel nicht anſehen wolt unſer ſunde und umb der ſelbigen willen ſolche bitte nicht verſagen, denn wir ſind der keines werd, das wir bitten, habens auch nicht verdienet, ſondern er wolts uns alles aus gnaden geben, denn wir teglich viel ſundigen und wol eitel ſtraffe verdienen. So wollen wir zwarten[14] widderumb auch hertzlich vergeben und gerne wol thun[15], die ſich an uns verſundigen.

Die ſechſte bitte

Und fure uns nicht[16] ynn verſuchung.

---

6) St: wöllen komen laſſen 7) W 36: des teuffel. W 37—43 C: des teuffels 8) H: de 9) St add: ſollichs mit wegfall des komma 10) das komma fehlt in einigen drucken 11) St: jſt 12 St: der 13 so St. H (also wohl T) C. B W 29—43: ſchulde (pl.) N 31. 58: vergib uns unſere ſchulden, als wir vergeben 14) St: zwar. M: zwar den (= denen). N: zwar inn (= ihnen) 15) N. 58. C add: denen 16) St add: eyn

Wie geschieht das?

Wenn Gott allen bösen Rat und Willen bricht und hindert, so uns den Namen Gottes nicht heiligen und sein Reich nicht kommen lassen wollen, als da ist des Teufels, der Welt und unsers Fleisches Wille, sondern stärket und behält uns fest in seinem Wort und Glauben bis an unser Ende; das ist sein gnädiger, guter Wille.

Die vierte Bitte

Unser täglich Brot gieb uns heute.

Was ist das?

Gott giebt täglich Brot, auch wohl ohne unsere Bitte, allen bösen Menschen; aber wir bitten in diesem Gebet, daß er's uns erkennen lasse und mit Danksagung empfangen unser täglich Brot.

Was heißt denn täglich Brot?

Alles, was zur Leibesnahrung und notdurft gehört, als Essen, Trinken, Kleider, Schuh, Haus, Hof, Acker, Vieh, Geld, Gut, fromm Gemahl, fromme Kinder, fromm Gesinde, fromme und treue Oberherren, gut Regiment, gut Wetter, Friede, Gesundheit, Zucht, Ehre, gute Freunde, getreue Nachbarn und desgleichen.

Die fünfte Bitte

Und vergieb uns unsere Schuld, wie wir vergeben unsern Schuldigern.

Was ist das?

Wir bitten in diesem Gebet, daß der Vater im Himmel nicht ansehen wolle unsere Sünden, und um derselben willen solche Bitten nicht versagen; denn wir sind der keines wert, das wir bitten, haben's auch nicht verdienet; sondern er wolle es uns allen aus gnaden geben, denn wir täglich viel sündigen und wohl eitel Strafe verdienen. So wollen wir wiederum auch herzlich vergeben und gerne wohlthun denen, die sich an uns versündigen.

Die sechste Bitte

Und führe uns nicht in Versuchung.

Was ist das? Antwort.

Gott versucht zwar niemand, Aber wir bitten ynn diesem gebet, das uns Gott wolt behůten und erhalten, auff das uns der teuffel, die welt und unser fleisch nicht betriege und [17] verfůre ynn mißglauben, verzweiffeln und ander grosse schande [18] und laster, Und ob wir damit angefochten wůrden, das wir doch endlich gewinnen und den sieg behalten.

Die siebend bitte

Sondern erlőse uns von dem [19] ubel.

Was ist das? Antwort.

Wir bitten ynn diesem gebet als ynn der summa, das uns der Vater ym hymel von allerley ubel leibs und seele, guts und ehre [20] erlőse und zu letzt, wenn unser stůndlin kompt, ein seliges ende beschere und mit gnaden von diesem iamertal zu sich neme [21] ynn den [22] hymel.

⟨Denn dein ist das Reich und die Kraft und die Herrlichkeit in Ewigkeit⟩ [23] Amen.

Was ist das? Antwort.

Das ich sol gewis sein, solche bitte sind dem Vater ym hymel angenehme und erhőret [24], denn er selbs hat [25] uns geboten also zu beten und verheissen, das er uns wil erhőren, Amen [26], Amen, das heisst, Ja Ja [27], Es sol also geschehen.[28]

Das Sacrament der heiligen Tauffe, wie das selbige ein Hausvater seinem gesynde sol einfeltiglich [1] fürhalten.

Zum ersten.

Was ist die Tauffe? Antwort.

Die Tauffe ist nicht allein schlecht wasser, Sondern sie ist das wasser ynn Gottes gebot gefasset und mit Gottes wort verbunden.

Welchs ist denn solch wort Gottes? Antwort.

Da unser Herre Christus spricht Matthei am letzten. Gehet hin ynn alle welt, leret alle heiden [2] Und teuffet sie ym namen des Vaters und des Sons und des heiligen Geists.

---

17) C: noch 18) St: sůnd 19) M: vom 20) St: eeren 21) W 35: nemen 22) E_1 E_2 M (ob auch B?) om: den 23) N 58 add: Denn dein ist das reich und die krafft und die herrligkeit in ewigkeit 24) St: erhőrets 25) E_1 E_2 M (ob auch B?) om: hat 26) St:

Was ist das?

Gott versucht zwar niemand; aber bitten in diesem Gebet, daß uns Gott wolle behüten und erhalten, auf daß uns der Teufel, die Welt und unser Fleisch, nicht betrüge und verführe in Mißglauben, Verzweiflung und andere große Schande und Laster; und ob wir damit angefochten würden, daß wir doch endlich gewinnen und den Sieg behalten.

Die siebente Bitte

Sondern erlöse uns von dem Übel.

Was ist das?

Wir bitten in diesem Gebet als in der Summa, daß uns der Vater im Himmel von allerlei Übel Leibes und der Seele, Gutes und Ehre erlöse, und zuletzt, wenn unser Stündlein kommt, ein seliges Ende beschere, und mit Gnaden von diesem Jammerthal zu sich nehme in den Himmel.

Denn dein ist das Reich und die Kraft und die Herrlichkeit in Ewigkeit. Amen.

Was heißt Amen?

Daß ich soll gewiß sein, solche Bitten sind dem Vater im Himmel angenehm und erhöret. Denn er selbst hat uns geboten, also zu beten, und verheißen, daß er uns will erhören. Amen, Amen, das heißt: Ja, Ja, es soll also geschehen.

Das vierte Hauptstück. Das Sakrament der heiligen Taufe.

Zum ersten

Was ist die Taufe?

Die Taufe ist nicht allein schlecht Wasser, sondern sie ist das Wasser in Gottes Gebot gefasset und mit Gottes Wort verbunden.

Welches ist denn solch Wort Gottes?

Da unser Herr Christus spricht Matthäi am letzten:

Gehet hin in alle Welt, lehret alle Völker und taufet sie im Namen des Vaters und des Sohnes und des heiligen Geistes.

---

punkt statt komma 27) St om das zweite Ja 28) hier folgt N 31 der abschnitt Vom beruff und ambt des worts und der schlussel (s. unten s. 24) 1) W 31: einfeltig 2) N 31. 58: Gehet hin und leret alle Völker

Zum andern.

Was gibt odder nützet die Tauffe? Antwort.

Sie wirckt vergebung der sunden, erlöset vom tod und teuffel und gibet die ewigen[3] seligkeit allen, die es glauben, wie die wort und[4] verheissung Gottes lauten.

Welche[5] sind solch wort und verheissung Gottes? Antwort.

Da unser Herre Christus spricht Marci am letzten. Wer da gleubt und getaufft wird, der wird selig[6], Wer aber nicht gleubt, der wird verdampt[6].

Zum dritten.

Wie kan wasser solche grosse ding thun? Antwort.

Wasser thuts freylich nicht, Sondern das wort Gottes, so mit und bei dem wasser ist, und der glaube, so solchem wort Gottes ym wasser trawet. Denn on Gottes wort ist das wasser schlecht wasser und keine Tauffe, Aber mit dem wort Gottes ists eine Tauffe, das ist ein gnadenreich wasser des lebens und ein bad der newen geburt[7] ym heiligen geist, wie S. Paulus saget zu Tito am dritten Capitel[8].

Durch das bad der widdergepurt und ernewerunge des heiligen geists, welchen er ausgossen hat uber uns reichlich durch Jesum Christ[9] unsern heiland, auff das wir durch des selben gnade gerechtfertigt[10] erben seyen des ewigen lebens nach der hoffnung. Das ist[11] gewislich war.

Zum vierden.

Was bedeut denn solch wasser teuffen? Antwort.

Es bedeut, das der alte[12] Adam ynn uns durch tegliche rew und busse sol erseuffet werden und sterben mit allen sunden und bösen[13] lüsten, Und widderumb teglich eraus komen und aufferstehen Ein newer mensch, der ynn gerechtigkeit und reinigkeit für Gott ewiglich lebe.

Wo stehet das geschrieben? Antwort.

Sanct Paulus zun Römern am sechsten[14] spricht. Wir sind sampt Christo durch die Tauffe begraben ym tode[15], das gleich wie Christus ist von den todten aufferwecket durch die herrligkeit des Vaters, also sollen wir auch ynn eim newen leben wandeln.

---

3) seit W 35: ewige 4) W 40—43 om wort und 5) W 31—39: welch. C: welchs 6) N 31. 58 add: werden (zweimal) 7) W 42. 43: newengeburt 8) W 40—43: Tit. 3 (statt zu Tito am dritten Capitel) 9) seit W 36: Christum 10) seit W 36: gerecht, und 11) W 36—39 C: ist je. W 40—43: je ist 12) H om: alte 13) W 40—43 om: bösen 14) W 42. 43: Roma. vj 15) W 40—43 C: jn den tod

Zum andern

Was giebt oder nützet die Taufe?

Sie wirkt Vergebung der Sünden, erlöset vom Tode und Teufel und giebt die ewige Seligkeit allen, die es glauben, wie die Worte und Verheißung Gottes lauten.

Welches sind solche Wort und Verheißung Gottes?

Da unser Herr Christus spricht Marci am letzten:

Wer da glaubet und getauft wird, der wird selig werden; wer aber nicht glaubet, der wird verdammet werden.

Zum dritten

Wie kann Wasser solche große Dinge thun?

Wasser thut's freilich nicht, sondern das Wort Gottes, so mit und bei dem Wasser ist, und der Glaube, so solchem Worte Gottes im Wasser trauet; denn ohne Gottes Wort ist das Wasser schlecht Wasser und keine Taufe; aber mit dem Worte Gottes ist's eine Taufe, das ist ein gnadenreich Wasser des Lebens und ein bad der neuen Geburt im heiligen geist; wie Sankt Paulus sagt zu Tito im dritten Kapitel:

Gott macht uns selig durch das Bad der Wiedergeburt und Erneuerung des heiligen Geistes, welchen er ausgegossen hat über uns reichlich durch Jesum Christum, unsern Heiland, auf daß wir durch desselben Gnade gerecht und Erben seien des ewigen Lebens nach der Hoffnung. Das ist gewißlich wahr.

Zum vierten

Was bedeutet denn solch Wassertaufen?

Es bedeutet, daß der alte Adam in uns durch tägliche Reue und Buße soll ersäuft werden und sterben mit allen Sünden und bösen Lüsten; und wiederum täglich herauskommen und auferstehen ein neuer Mensch, der in Gerechtigkeit und Reinigkeit vor Gott ewiglich lebe.

Wo stehet das geschrieben?

Sankt Paulus zu den Römern am sechsten spricht:

Wir sind samt Christo durch die Taufe begraben in den Tod, auf daß, gleich wie Christus ist von den Toten auferwecket durch die Herrlichkeit des Vaters, also sollen auch wir in einem neuen Leben wandeln.

Nur in der buchausgabe

(Wie man die Einfeltigen sol leren Beichten)[1]

(Was ist die Beicht? Antwort.)[2]

(Die Beicht begreifft zwey stück jnn sich, Eins, das man die sunde bekenne, Das ander, das man die Absolutio odder vergebung vom Beichtiger empfahe als von Gott selbs, und ja nicht dran zweivel sondern feste gleube, die sunde seien da durch vergeben für Gott jm himel.)

(Welche sunde sol man denn beichten?)

(Fur Gott sol man aller sunden sich schuld[3] geben, auch die wir nicht erkennen, wie wir jm Vater unser thun.)

(Aber fur dem Beichtiger sollen wir allein die sunde bekennen, die wir wissen und fülen im hertzen.)

(Welche sind die?)

(Da sihe deinen stand an nach den Zehen geboten, ob du Vater, Mutter, Son, Tochter, Herr, Fraw, Knecht seiest, ob du ungehorsam, untrew, unvleissig, zornig, unzůchtig, heissig[4] gewest seiest, ob du jemand leide gethan hast[5] mit worten odder wercken, ob du gestolen, verseumet, verwarlost, schaden gethan hast.)

(Lieber stelle mir eine kurtze weise zu Beichten? Antwort.)

(So soltu zum Beichtiger sprechen:)

(Wirdiger lieber herr, Ich bitte euch[6], wollet meine beichte hören und mir die vergebung sprechen umb Gottes willen.)

(Sag an.)

(Ich armer sunder bekenne mich für Gott aller sunden schuldig, Inn sonderheit bekenne ich für euch, das ich ein Knecht, Magd ec. bin, Aber ich diene leider untrewlich meinem herrn, denn da und da hab ich nicht gethan was sie mich hiessen, hab sie erzurnet und zu fluchen beweget, hab verseumet und schaden lassen geschehen.)

(Bin auch jun worten und wercken schampar gewest, Hab mit meines gleichen gezůrnet, Widder meine Frawen gemurret und ge-

1) der abschnitt von der beichte zuerst W 31. W 29 hatte eine andere form als anhang zwischen Taufbüchlein und Litanei. N 58 hat statt dessen (N 31 gleichfalls, jedoch schon nach dem Vater unser) das lehrstück Vom beruff und amt des worts und der schlussel (nach Osiander) mit Joh. 20, 22, 23; aus diesem lehrstück und obigem abschnitt Luthers von der beichte ist seit 1561 in Nürnberg das stück Das Ampt der Schlůssel gebildet 2) diese zeile fehlt W 39 C 3) W 40—43 C: schůldig 4) W 35—43 C om: zornig, unzůchtig, heissig 5) W 40—43 C: habest 6) W 35 om: euch

flucht ec. Das alles[7] ist mir leid und bitte umb gnade, Jch wil mich bessern.) Nur in der buch-ausgabe

(Ein Herr odder Frawe sage also.)

(Jnn sonderheit bekenne ich fur euch, das ich mein kind und gesind, weib nicht trewlich gezogen hab zu Gottes ehren, Jch hab geflucht, böse exempel mit unzüchtigen worten und wercken gegeben, meinem nachbar schaden gethan, ubel nach geredt, zu theuer verkaufft, falsche und nicht gantze Warh gegeben, Und was er mehr widder die gebot Gottes und seinen stand gethan ec.)

(Wenn aber jemand sich nicht befindet beschweret mit solcher odder grossern sunden, Der soll nicht sorgen odder weiter sunde suchen noch ertichten und da mit eine marter aus der Beicht machen, sondern erzele eine odder zwo die du weissest, Also: jnn[8] sonderheit bekenne[9] ich, das ich ein mal geflucht, Item ein mal unhübsch mit worten gewest, ein mal dis N. verseumet habe ec. Und[10] lasse es gnug sein.)

(Weissestu aber gar keine ([11]doch nicht wohl solt müglich sein), So sage auch keine jnn sonderheit, Sondern nim die vergebung auf die Gemeine Beicht, so du fur Gott thust gegen dem Beichtiger.)

(Darauff sol der Beichtiger sagen.)

(Gott sei dir gnedig und stercke deinen glauben, AMEN.)

(Sprich.)[12]

(Gleubstu auch das meine vergebung Gottes vergebung sey?)

[13] (Ja lieber Herr.)

(Darauff spreche er.)

(Wie du gleubest so geschehe dir. Und ich aus dem befelh unsers HERRN Jhesu Christi Vergebe dir deine sunde jm Namen des Vaters und des Sons und des Heiligen geists, Amen.)

(Gehe hin jm fride.)

(Welche aber grosse beschwerung des gewissens haben odder betrübt und angefochten sind, die wird ein Beicht vater wol wissen mit mehr sprüchen zu tröſten und zum glauben reitzen. Das sol allein ein gemeine weise der Beicht sein für die einfeltigen.)

---

7) W 42—43: alle 8) W 31—39 C: weissest. Also jnn. W 40—43: weissest also, Jnn 9) W 40: erkenne 10) seit W 36: Also 11) seit W 40 add: welchs 12) seit W 40: Weiter statt Sprich 13) C add: Antwort

Das Sacrament des altars, wie ein Hausvater das selbige seinem gesynde einfeltiglich für halten sol.

Was ist das sacrament des altars? Antwort.

Es ist der ware leib und [1] blut unsers Herrn Jhesu Christi, unter dem brod und wein, uns Christen zu essen und [2] zu trincken von Christo selbs eingesetzt.

Wo stehet das geschrieben? Antwort

So schreiben die heiligen Evangelisten [3] Mattheus, Marcus, Lucas, und Sanct [4] Paulus.

Unser HERR Jhesus Christus [5], in der nacht da er verraten ward, Nam er das brod, danckt und brachs und gabs [6] seinen jungern und sprach. Nemet hin, [7] Esset, Das ist mein Leib, der fur euch gegeben wird, Solchs [8] thut zu meinem gedechtnis.

Des selben [9] gleichen nam er auch den kelch nach dem abendmal, danckt und gab yhn den und sprach. Nemet hin und [10] trincket alle daraus. Dieser Kelch ist das newe testament ynn meinem blut, das fur euch [11] vergossen wird zur vergebung der sunden, Solchs thut, so offt yhr [12] trinckt, [13] zu meinem gedechtnis.

Was nützet denn solch essen und trincken? Antwort.

Das zeigen uns diese wort. Fur euch gegeben und vergossen zur vergebung der sunden. Nemlich das uns ym sacrament vergebung der sunde [14], leben und seligkeit durch solche [15] wort gegeben wird, Denn wo vergebung der sunde ist, da ist auch leben und seligkeit.

Wie kann leiblich essen und trincken solch gros [16] ding thun? Antwort. [17]

Essen und trincken thuts freylich nicht, Sondern die Wort so da stehen. Fur euch gegeben und vergossen zur vergebung der sunden. Welche wort sind neben dem leiblichen essen und trincken als [18] das heubtstück ym sacrament. Und wer den selbigen worten gleubt, der hat was sie sagen und wie sie lauten, nemlich Vergebung der sunde. [19]

Wer empfehet denn solch sacrament wirdiglich? Antwort.

Fasten und leiblich sich [20] bereiten ist wol eine feine eusserliche zucht, Aber der ist recht wirdig und wol geschickt, Wer [21] den glauben hat an diese wort. Fur euch gegeben und vergossen zur vergebung der sunden. Wer aber diesen worten nicht gleubt odder zweivelt, der ist unwirdig und ungeschickt, Denn das wort FUR EUCH foddert eitel gleubige hertzen.

---

1) St add: das 2) E_1 E_2 M (also auch B?) om: zu essen und (druckfehler) 3) W 42. 43 add: St 4) W 31: St 5) N 31. 58: Der Herr Jesus 6) E_1 E_2 (nicht M): gab es Der urspr. text ist zweifelhaft. St hat die einsetzungsworte nur bis das brod reproduziert; H: gaff yd beweist nicht fürs hochdeutsche 7) W 35 N 31. 58 C add: und 8) N 31: das 9) seit W 35: desselbigen 10) N 31. 58 om: Nemet hin und 11) N 31. 58: Das ist mein blut, des newen testaments, welches fur euch und fur viele 12) N 31. 58 C: jrs 13) W 35—43 ohne komma 14) H (wo im zitat immer sunden gedruckt ist, also der wechsel beabsichtigt scheint, und daher wohl T) B (nach E_1 E_2 M) W 31: sunde W 29: sunden (aber gleich darnach sunde)

Das fünfte Hauptstück. Das Sakrament des Altars oder das heilige Abendmahl.

Was ist das Sakrament des Altars?

Es ist der wahre Leib und Blut unsers Herrn Jesu Christi, unter dem Brot und Wein uns Christen zu essen und zu trinken von Christo selbst eingesetzt.

Wo stehet das geschrieben?

So schreiben die heiligen Evangelisten Matthäus, Markus, Lukas und Sankt Paulus:

Unser Herr Jesus Christus, in der Nacht, da er verraten ward, nahm er das Brot, dankte und brach's und gab's seinen Jüngern und sprach: Nehmet hin und esset; das ist mein Leib, der für euch gegeben wird; solches thut zu meinem Gedächtnis.

Desselbigengleichen nahm er auch den Kelch nach dem Abendmahl, dankte und gab ihnen den und sprach: Nehmet hin und trinket alle daraus; dieser Kelch ist das neue Testament in meinem Blut, das für euch vergossen wird zur Vergebung der Sünden; solches thut, so oft ihr's trinket, zu meinem Gedächtnis.

Was nützet denn solch Essen und Trinken?

Das zeigen uns diese Worte:

Für euch gegeben und vergossen zur Vergebung der Sünden; nämlich daß uns im Sakrament Vergebung der Sünden, Leben und Seligkeit durch solche Worte gegeben wird; denn wo Vergebung der Sünden ist, da ist auch Leben und Seligkeit.

Wie kann leiblich Essen und Trinken solche große Dinge thun?

Essen und Trinken thut's freilich nicht, sondern die Worte, so da stehen:

Für euch gegeben und vergossen zur Vergebung der Sünden; welche Worte sind neben dem leiblichen Essen und Trinken als das Hauptstück im Sakrament. Und wer denselbigen Worten glaubt, der hat, was sie sagen und wie sie lauten, nämlich: Vergebung der Sünden.

Wer empfängt denn solch Sakrament würdiglich?

Fasten und leiblich sich bereiten ist wohl eine feine äußerliche Zucht; aber der ist recht würdig und wohl geschickt, wer den Glauben hat an diese Worte:

Für euch gegeben und vergossen zur Vergebung der Sünden.

Wer aber diesen Worten nicht glaubt oder zweifelt, der ist unwürdig und ungeschickt; denn das Wort: Für euch fordert eitel gläubige Herzen.

---

15) W 40: solchs 16) W 40—43 C: solche grosse 17) diese ganze frage mit antwort fehlt E_1 E_2 M (also wohl auch B), versehen 18) W 40—43: wie 19) H: sunde. W 29. 31: sunden 20) W 35: sich leiblich 21) W 42. 43: der

Wie ein Hausvater sein gesynde sol leren Morgens und Abends sich segenen.[1]

Des Morgens, so du aus dem bette ferest, soltu dich segenen mit dem heiligen Creutz und sagen.

Des[2] walt Gott, Vater, Sohn, Heiliger geist, Amen.

Darauf knyend odder stehend den Glauben und Vater unser. Wiltu, so magstu dis gebetlin dazu sprechen.

Ich dancke dir, mein hymlischer Vater, durch Jhesum Christ[4], deinen lieben son, das du mich diese nacht fur allem schaden und fahr behüt hast, Und bitte dich, Du wollest mich diesen tag auch behüten fur sunden und allem ubel, das dir alle mein thun und leben gefalle. Denn ich befelhe mich, mein leib und seele und alles ynn deine hende, Dein heiliger Engel sey mit mir, das der böse feind keine macht an mir finde, Amen.

Und als denn mit frewden and dein werck gegangen, Und etwa ein lied gesungen, als die Zehen gebot, odder was dein Andacht gibt.

[5]Des Abends, wenn du zu bette gehest, soltu[6] dich segenen mit dem heiligen Creutz und sagen.

Des[7] walt Gott, Vater, Son, Heiliger geist, Amen.

Darauff knyend odder stehend den Glauben und Vater unser, Wiltu so magstu dis gebetlin[8] dazu sprechen.

Ich dancke dir, mein hymlischer Vater, durch Jhesum Christ[9], deinen lieben son, das du mich diesen tag gnediglich behüt hast, Und bitte dich, Du wollest mir vergeben alle meine sunde, wo ich unrecht gethan habe, und mich diese nacht gnediglich behüten. Denn ich befelhe mich, mein leib und seele und alles ynn deine hende, Dein heiliger Engel sey mit mir, das der böse feind keine macht an mir finde, Amen.

Und als denn flugs und frölich geschlaffen.

Wie ein Hausvater sein gesynde sol lernen[1] das Benedicite und Gratias sprechen.[2]

Die kinder und gesynd sollen mit gefalten henden und[3] züchtig fur den tisch tretten und sprechen.

---

1) C add (in besondere zeile): Der Morgen segen 2) St M C (aber nicht tab): das 3) M add: und 4) M C: Christum 5) W 35 C add (als überschrift in bes. zeile): Der Abend segen 6) W 31: so soltu 7) St M C: das 8) B (nach E_1 E_2 M): gebet 9) M W 36—43 C: Christum

1) W 36—43 C: leren 2) diese überschrift fehlt bei H; statt das Benedicite und Gratias sprechen hat St: zu tisch betten. St H haben in bes. zeile die teilüberschrift: Das Benedicite (ob nach T?) 3) W 35 om: und

Aller Augen warten auff dich HERR, Und du gibst yhn yhre speise zu seiner zeit, Du thust deine hand auff und settigest alles, was lebt, mit *[4] wolgefallen.

Scholia.[5]

* Wolgefallen heisst hie[6], das alle thier so viel zu essen kriegen, das sie frölich und guter ding drüber sind, denn sorge und geitz hyndern solch wolgefallen.[7]

Darnach das Vater unser und dis folgend gebet.

HERR Gott, hymlischer Vater, Segene uns und diese deine gaben, die wir von deiner milden guete zu uns nemen, durch Jhesum Christum[8], unsern HERRN, Amen.

Das Gratias.

Also auch nach dem Essen sollen sie gleicher weise[9] züchtig und mit gefalten henden sprechen.

Dancket dem HERRN, denn er ist freundlich, Und seine guete weret ewiglich, Der allem fleisch speise gibet, der dem vihe sein futter gibt, den iungen raben, die yhn anruffen, Er hat nicht lust an der stercke des rosses noch gefallen an yemandes beynen, der HERR hat gefallen an den, die yhn furchten und die auff seine güte warten.

Darnach das Vater unser und dis folgend gebet.

Wir dancken dir, HERR Gott Vater, durch Jhesum Christ[10] unsern HERRN, fur alle deine wolthat, der du lebest und regierest ynn ewigkeit, Amen.

Die[1] Haus tafel etlicher sprüche fur allerley heilige orden und stende, da durch die selbigen als durch eigen lection yhres ampts und diensts zu ermanen.[2]

Nur in der buchausgabe

Den Bischoffen, Pfarherrn und Predigern.

Ein Bischoff sol unstrefflich sein, Eines weibes man, nüchtern, sittig, messig, gastfrey, leerhafftig[3], nicht weinsüchtig[4], nicht beyssig[5], nicht schendliches gewinsts gyrig[6], sondern gelinde, nicht zenkisch[7], nicht geytzig, der seinem eigen hause wol furstehe, der gehorsame kinder habe mit aller erbarkeit, Nicht ein newling [,Der[8] halte ob dem wort[9], das gewis ist, und leren kan, Auff das er mechtig sey, zu ermanen, durch die Heilsame Lere, und zu straffen die widersprecher]. Jnn der ersten Epistel zu Timotheo am vierden Capitel.

---

4) ein * oder ähnliches zeichen hier und zu beginn der anmerkung E_1 W 29, nur zu beginn der anmerkung H, ein die anmerkung mit dem texte verbindender strich St. Seit W 31 kein solches zeichen 5) T (St H) B (E_1) om. W 29—39: Scholia. W 40—43: Scholion 7) in E_2 M C fehlt die anmerkung ganz 8) W 31. 35: Christ 9) seit W 35 add: thun 10) W 39 C: Christum 1) die haustafel zuerst in B 2) C: zuvermanen 3) W 40—43 add: als ein Haushalter Gottes 4) seit W 36: ein weinseuffer 5) W 40—43: bochen 6) seit W 36 für diese 3 wörter: unehrliche hantierung treiben 7) seit W 36: haderhafftig 8) das eingeklammerte seit W 40; B—W 39 dafür: ec. 9) C: ob dem wort halte

Nur in der buchausgabe

[10][Was die Chriſten [11] jren Lerern und Seelſorgern zuthun ſchůldig ſeien [12]]

[ESſet und Trincket, was ſie haben, Denn ein Erbeiter iſt ſeines lohns werd, Luce. jo.]

[Der HErr hat befolhen, Das die das Evangelium verkündigen, ſollen ſich vom Evangelio neeren. j. Cor. jx.]

[Der unterricht wird mit dem wort, Der teile mit allerley gutes dem, der jn unterrichtet, Irret euch nicht, Gott leſt ſich nicht ſpotten. Gala. vj.]

[Die Elteſten, die wol fur ſtehen, die halte man zwifacher ehren werd, Sonderlich die da erbeiten im Wort und jnn der Lere, Denn es ſpricht die ſchrifft, Du ſolt dem Ochſſen, der da driſſchet, nicht das maul verbinden.]

[Item, Ein Erbeiter iſt ſeines Lohnes werd. j. Timo. v.]

[Wir bitten euch lieben Brůder, das jr erkennet, die an euch erbeiten, und euch fur ſtehen jnn dem HErrn, und euch vermanen, habet ſie deſte lieber, vmb jrer werck [13] willen, und ſeid fridſam mit jnen j. Theſſ. v.]

[Gehorchet ewern Lerern und folget jnn, denn ſie wachen uber ewre Seelen, als die da rechenſchafft dafur geben ſollen, Auff das ſie es mit freuden thun, und nicht mit ſeufftzen, Denn das iſt euch nicht gut. Ebre. jz.[14]]

Von weltlicher Oberkeit.

Jederman ſey der Oberkeit unterthan [15], Denn die Oberkeit, ſo allenthalben iſt, iſt von Gott geordent. Wer aber der Oberkeit widderſtrebt, der widderſtrebet Gottes ordenung, Wer aber widderſtrebt [16], wird ſein urteil empfahen, Denn ſie tregt das ſchwerd nicht umb ſonſt, Sie iſt Gottes dienerin, eine Racheryn zur ſtraffe uber die, ſo bőſes thun, zun Rőmern am dreyzehenden Capitel. [17]

[18][Was die unterthan der oberkeit zuthun ſchůldig ſind.]

[Mat. xxij. Gebt dem Keiſer, was des Keiſers iſt, Und Gotte, was Gottes iſt.]

[Rom. 13. Jederman ſey unterthan der Oberkeit ec. So ſeid nu aus Not unterthan, Nicht allein umb der ſtraffe willen, ſondern auch umb des gewiſſens willen. Derhalben můſſet jr auch ſchos geben, Denn

10) von hier bis z. 18 im anschluss an lateinische katechismen von 1529 (Enchiridion piarum precationum und Sauermanns katechismus) W 40—43 11) W 42. 43: Gemeine 12) W 42. 43: iſt 13) W 42. 43: jres wercks 14) W 42. 43 om: Ebre. jz. 15) seit W 36: unterthan der Oberkeit. W. 42. 43 fahren dann statt des abschnittes denn — empfahen so fort: die gewalt vber jn hat; Denn es iſt keine Oberkeit, on von Gott, Wo aber Oberkeit iſt, die iſt von Gott verordnet. Wer ſich nu wider die Oberkeit ſetzet, der widerſtrebet Gottes Ordnung. Die aber widerſtreben, werden ein Urteil uber ſich empfahen 16) W 40: widderſtehet 17) W 42. 43: Rom. 13 18) das folgende bis s. 31, z. 13 im anschluss an die zu anm. 10 genannten latein. katechismen W 42. 43; dass die zusätze „Was die

sie sind Gottes diener, die solchen Schutz sollen Handhaben. So gebet nu jederman was jr schuldig, Schos dem der Schos geburt, Zol dem der Zol geburt, Furcht dem die Furcht geburt, Ehre dem die Ehre geburt.] Nur in der buchausgabe

[j. Timoth. ij. So vermane ich nu, das man fur allen dingen zu erst thu Bitte, Gebet, Fürbitte und Danksagung fur alle Menschen, Fur die Könige und fur alle Oberkeit, Auff das wir ein gerüglich und stilles Leben füren mögen in aller Gottseligkeit und Erbarkeit. ec.]

[Tit. iij. Erinnere sie, das sie den Fürsten und der Oberkeit unterthan und gehorsam sein, Zu allem guten werck bereit sein ec.]

[j. Pet. ij. Seid unterthan aller menschlicher ordnung umb des HErrn willen, Es sey dem Könige als dem Obersten oder den Heubtleuten als den Gesandten von jm zur Rache uber die Ubeltheter und zu Lobe den Frommen.]

Den Ehemennern

Yhr mener wonet bey ewren weibern mit vernunfft und gebt dem[19] weiblichen[20], als dem schwachen[21] werckzeug, seine ehre, als mit erben der gnade des lebens, auff das ewer[22] gebet nicht verhindert werde, ynn der ersten epistel[23] Petri am dritten Capi.[24] Und seid nicht bitter gegen sie, zun Colossern am dritten Capitel.[25]

Den Ehefrawen.[26]

Die weiber seyen unterthan yhren mennern als dem HERrn, wie Sara Abraham gehorsam war, und hies yhn Herr, Welcher töchter yhr worden seid, so yhr wol thut und nicht so fürchtet vor einigem schewsal[27], ynn der ersten Epistel[28] Petri am dritten Capitel.

Den Eldern.

Yhr Veter reitzet ewre kinder nicht zu zorn, das sie nicht blöde[29] werden, Sondern zihet sie auff ynn der zucht und vermanung ym[30] HERRN, zun Ephesern am sechsten Capitel.[31]

Den Kindern.

Yhr kinder seid gehorsam ewern Eltern ynn dem HERRN, denn das ist billich, Ehre Vater und Mutter, Das ist das erste gebot, das verheissunge hat, nemlich, das dirs[32] wol gehe und lange lebest auff Erden, zun Ephesern am sechsten Capitel.

Christen jren Lerern und Seelsorgern zuthun schüldig seien" und „Was die unterthan der oberkeit zu thun schüldig sind" nicht von Luther erstmalig verfasst sind, darüber cf. Albrecht in Luthers werke (Weimarer ausgabe) XXX, 1, s. 642 19) W 40—43: den 20) seit W 36: weibischen 21) seit W 36: schwechsten 22) W 40: ewre 23) C om: epistel 24) W 29—39: Capitel W 40 om: Capitel W 42. 43 (statt ynn der — Capi.): j. Petri .3. 25) W 42. 43 (statt zun — Capitel): Colos. 3 26) C: Eheweibern 27) seit W 36 (statt fürchtet — schewsal): schüchter seid 28) W 36—39 C om: Epistel 29) seit W 36: schew 30) W 40—43: jn dem W 36—39: zu dem 31) M om: Capitel. W 42. 43 (statt zun — Capitel): Ephe. 6 32) W 42. 43: dir

Nur in der buchausgabe

Den Knechten, Meyden[33], Taglöhnern und Erbeytern etc.[34]

Yhr knechte ſeid gehorſam ewern[35] leiblichen herrn mit furcht und zittern, ynn einfeltigem[36] hertzen, als Chriſto ſelbs, nicht mit dienſt allein für augen, als menſchen zugefallen, ſondern als die knecht Chriſti, das yhr ſolchen willen Gottes thut von hertzen mit wilferigkeit[37], Laſt euch düncken, das yhr dem HERRN und nicht den[38] menſchen dienet, Und wiſſet, was ein iglicher guts thut, das wird er empfangen, Er ſey knecht odder frey.[39]

Den Haus herrn und Haus frawen.

Yhr herrn thut auch das ſelbige gegen yhn, und laſt ewer drewen, Und wiſſet[40], das yhr auch einen herren[41] ym hymel habt, Und iſt bey yhm kein anſehen der perſon.[42]

Der gemeinen[43] Jugend.

Yhr Jungen ſeid den Alten unterthan und beweiſet darynn die demut, Denn Gott widderſtehet den hoffertigen, Aber den demütigen gibt er gnade, So demütiget euch nu unter die gewaltige hand Gottes, das er euch erhöhe zu ſeiner zeit, ynn der erſten Epiſtel Petri am funfften Capitel.[44]

Den Widwen.

Welche eine rechte widwen[45] und einſam iſt, die ſtellet yhr hoffnung auff Gott und bleibet am gebet tag und nacht, Welche aber ynn wollüſten lebet, die iſt lebendig tod, ynn der erſten Epiſtel zu Timotheo am funfften Capitel.[46]

Der Gemeine.

Liebe deinen nehiſten wie dich ſelbs, Ynn dem wort ſind alle gebot verfaſſet, zun Römern am dreyzehenden Capitel.[47] Und haltet an mit beten für alle menſchen, ynn der erſten Epiſtel zu Timotheo am andern Capitel.[48]

Ein yeder lern ſein lection,
So wird es wol ym hauſe ſton.[49]

---

33) C: Mägden 34) M W 35 om: etc. 35) W 43: ewrm 36) seit W 36: einfeltigkeit ewres 37) seit W 36: gutem willen 38) W 40—43: dem 39) W 42. 43: Freier 40) W. 42. 43: wiſſen 41) C: HERRN 42) C add: Epheſ. 6 43) M: gemein W 36—43: Gemeine 44) W 42. 43 (statt ynn — Capitel): j. Pet. 5 C: j. Petri am 5. Capit. 45) W 40—43 C: widwe 46) W 42. 43 (statt ynn — Capitel) j. Timo. 5. C: j. Timoth. am 5. Cap. 47) W 42. 43 (statt zun — Capitel): Rom. 13 48) M (statt andern) ij. W 42. 43 (statt ynn — Capitel): j. Timoth. 2 C: in der j. Timoth. am 2. Capit. 49) in unserer wiedergabe des deutschen textes des kleinen katechismus sehen wir ab von den weiteren anhängen, nämlich a. dem traubüchlein (zuerst in B), b. dem taufbüchlein (zuerst in W 29), c. der älteren form der beichte (in W 29, aber in W 31 durch die jüngere, oben abgedruckte form zwischen taufe und abendmahl ersetzt), d. der deutschen litaney mit angehängten gebeten (seit W 29)

Frommannsche Buchdruckerei (Hermann Pohle) in Jena. — 4205

TABVLAE IN VSVM SCHOLARVM

EDITAE SVB CVRA IOHANNIS LIETZMANN

5

HANDSCHRIFTEN DER REFORMATIONSZEIT

AUSGEWÄHLT

VON

GEORG MENTZ

BONN, A. MARCUS & E. WEBER's VERLAG

1912

XXXVIII S. 50 Tafeln. In Leinenband 6 M., in Ganzpergament 12 M.

Dieses in erster Linie zur Einführung in das Quellenstudium der Reformationszeit bestimmte Tafelwerk dürfte auch in weiteren Kreisen lebhaftem Interesse begegnen. Auf 50 Lichtdrucktafeln (18×24) werden etwa 90 Schriftproben vornehmlich der theologischen und politischen Führer und Förderer der Reformation dargeboten. Die Tafeln enthalten in sorgfältigster Faksimilereproduktion Briefe und Aktenstücke, welche auch inhaltlich für die Entwickelung der reformatorischen Bewegung von Bedeutung sind: der Text gibt die buchstabengetreue Umschrift und Literaturnachweise, bei den weniger bekannten Persönlichkeiten auch einige biographische Notizen. Vertreten sind folgende Gruppen: Humanisten (Erasmus, Reuchlin, Mutian, Pirkheimer, Hutten, Scheurl); Theologen (Luther, Melanchthon, Bugenhagen, Jonas, Cruciger, Amsdorf, Spalatin, Major, Carlstadt, Agricola, Müntzer, Osiander, Bucer, Brenz, Schnepf, Wenz. Linck, U. Rhegius, Corvinus, Bullinger, Oecolampadius, Zwingli, Calvin u. a. m.), sowie die für Ueberlieferungsgeschichte bedeutsamen Männer (Mathesius, Aurifaber, Veit Dietrich, Roerer, Schlaginhaufen). Fürsten (die sächsischen Kurfürsten, Georg und Moritz von Sachsen, Philipp von Hessen, Ulrich von Württemberg, die Braunschweigischen Herzöge, Georg v. Brandenburg, Albrecht von Mansfeld, Wolf v. Anhalt, Wilhelm v. Neuenahr, Maria v. Jülich, Elisabeth v. Rochlitz). Kanzler, Räte und Sekretäre (Christian Beyer, Gregor Brück, Melchior v. Ossa, F. Burkhardt, Feige, Leonbard Eck; Hans v. d. Planitz, Eberh. v. d. Tann, Christ. v. Karlowitz, Fachs, Laz. Spengler, Fröhlich, Gereon Sailer, Joh. Sturm, Schertlin; Wolf, Lauenstein, Aitinger, Bing u. a.).

FSC
www.fsc.org
MIX
Papier | Fördert
gute Waldnutzung
FSC® C083411

Kolibri 360 GmbH
Ferdinand-Jühlke-Straße 7
99095 Erfurt, Deutschland
produktsicherheit@kolibri360.de